Daniela Coelho de Oliveira

Couches minces hybrides organiques-inorganiques pour la photonique

Daniela Coelho de Oliveira

Couches minces hybrides organiques-inorganiques pour la photonique

Caractérisation structurelle, luminescence, applications laser

Presses Académiques Francophones

Impressum / Mentions légales

Bibliografische Information der Deutschen Nationalbibliothek: Die Deutsche Nationalbibliothek verzeichnet diese Publikation in der Deutschen Nationalbibliografie; detaillierte bibliografische Daten sind im Internet über http://dnb.d-nb.de abrufbar.
Alle in diesem Buch genannten Marken und Produktnamen unterliegen warenzeichen-, marken- oder patentrechtlichem Schutz bzw. sind Warenzeichen oder eingetragene Warenzeichen der jeweiligen Inhaber. Die Wiedergabe von Marken, Produktnamen, Gebrauchsnamen, Handelsnamen, Warenbezeichnungen u.s.w. in diesem Werk berechtigt auch ohne besondere Kennzeichnung nicht zu der Annahme, dass solche Namen im Sinne der Warenzeichen- und Markenschutzgesetzgebung als frei zu betrachten wären und daher von jedermann benutzt werden dürften.

Information bibliographique publiée par la Deutsche Nationalbibliothek: La Deutsche Nationalbibliothek inscrit cette publication à la Deutsche Nationalbibliografie; des données bibliographiques détaillées sont disponibles sur internet à l'adresse http://dnb.d-nb.de.
Toutes marques et noms de produits mentionnés dans ce livre demeurent sous la protection des marques, des marques déposées et des brevets, et sont des marques ou des marques déposées de leurs détenteurs respectifs. L'utilisation des marques, noms de produits, noms communs, noms commerciaux, descriptions de produits, etc, même sans qu'ils soient mentionnés de façon particulière dans ce livre ne signifie en aucune façon que ces noms peuvent être utilisés sans restriction à l'égard de la législation pour la protection des marques et des marques déposées et pourraient donc être utilisés par quiconque.

Coverbild / Photo de couverture: www.ingimage.com

Verlag / Editeur:
Presses Académiques Francophones
ist ein Imprint der / est une marque déposée de
OmniScriptum GmbH & Co. KG
Heinrich-Böcking-Str. 6-8, 66121 Saarbrücken, Deutschland / Allemagne
Email: info@presses-academiques.com

Herstellung: siehe letzte Seite /
Impression: voir la dernière page
ISBN: 978-3-8381-4584-6

Zugl. / Agréé par: Araraquara, Brésil, Institut de Chimie de l'UNESP, Thèse, 2006

Copyright / Droit d'auteur © 2014 OmniScriptum GmbH & Co. KG
Alle Rechte vorbehalten. / Tous droits réservés. Saarbrücken 2014

Remerciements

Je remercie mon directeur de thèse Dr. Sidney J. L. Ribeiro du laboratoire LAMF (Laboratório de Materiais Fotônicos) de l'Université UNESP à Araraquara, Brésil, pour avoir dirigé et encadré mon travail de thèse durant 4 années;

Je tiens également à remercier mon directeur de thèse Dr. Jean-Michel Nunzi du laboratoire POMA (Proprietés Optiques des Materiaux et Aplications) de l'Université d'Angers, France, pour avoir accepté de diriger en cotutelle mon travail;

Un grand merci à toutes les personnes qui ont contribuées à ce travail et qui sont citées au cours du texte;

Ce travail a été financé pour la FAPESP, Fondation de la Recherche de São Paulo, (numéro de projet. 01/14173-7), et effectué à l'Institut de Chimie de l'Université UNESP à Araraquara, Brésil.

Un immense merci à ma famille.

Table dês Matières

Sol-Gel et matériaux hybrides. 5
    État de l'art, motivation et objectifs. 7
Caractérisation structurelle. 9
    Préparation du matériau. 9
    La technique SAXS (Diffusion des rayons X aux petits angles). 11
    Diffraction de rayons X 12
    Spectroscopie vibrationnelle dans la région de l'infrarouge. 13
    Résonance Magnétique Nucléaire. 14
    Structure de la matrice hybride. 16
Luminescence 19
    Hybrides U600-ZrAMA 19
    L'hybride U600. 19
    Hybrides U600-Zr-AMA-$[Eu(TTA)_3.(H_2O)_2]$ 22
    Temps de vie 25
    Efficacité quantique (η). 26
Applications. 27
    Réseaux de diffraction par lithographie. 27
    Réseaux de diffraction par holographie : laser continu. 30
    Réseaux de diffraction par holographie: laser pulsé. 31
    Réseaux dynamiques et lasers DFB. 33
Conclusion, considérations finales et perspectives. 41
Bibliographie. 43

Chapitre 1

Sol-Gel et matériaux hybrides.

Les matériaux hybrides obtenus par la technique sol-gel sont d'un grand intérêt pour combiner de manière appropriée les propriétés des composés organiques avec la rigidité et la résistance de composés inorganiques.

Avec la méthodologie sol-gel, on peut obtenir des matériaux solides par l'utilisation de précurseurs liquides. Le sol est une suspension colloidale de particules dans un liquide. Pour le gel, les liaisons sont tridimensionnelles partout dans la solution. Après la disparition du solvant, le matériau s'appelle xérogel. [AVNIR 1995; GONÇALVES 2001].

Les caractéristiques du procédé sol-gel permettent l'introduction de molécules organiques fragiles dans les matrices inorganiques. Les composantes organiques et inorganiques peuvent être mélangées pour former des nanocomposites hybrides. Ces hybrides sont versatiles au niveau de la composition, de la préparation et des propriétés mécaniques et optiques [LEBEAU 1999].

La procédure sol - gel est très utilisée pour réaliser des guides d'onde planaires pour les circuits optiques intégrés [ORIGNAC 2001; BENATSOU 1997; STROHHÖFER 1998; DUVERGER 1999; ORIGNAC 1999; SHIMIDT 1994; SOREK 1993; RIBEIRO 2000]. Les propriétés de l'état solide des nanoparticules peuvent donner au système des propriétés spéciales d'indice de réfraction, d'augmentation de la résistance mécanique et de contrôle des paramètres optiques [STROHHÖFER 1998; BARALDI 2003; CHANG 2002; SCHMIDT 1997, CHEN 1998; OUBAHA 2003].

Les matériaux hybrides sont classés en deux types par l'équipe de Sanchez [SANCHEZ 1994]: la classe I, où les composantes organiques et inorganiques sont liées physiquement, et la classe II, où les composantes sont plus fortement liées que dans la classe I, par des liaisons chimiques. La figure 1.1 représente les deux types d'hybrides formés par une partie inorganique (points) et organique (traces).

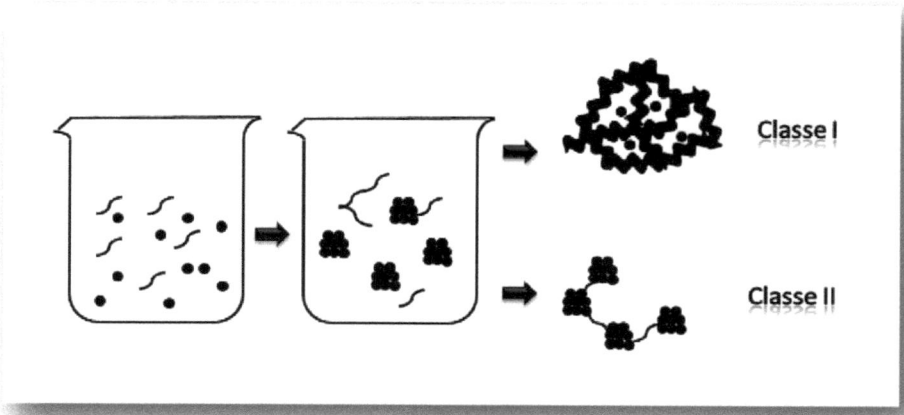

Figure 1.1: Représentation des hybrides classe I et II où la phase organique sont les traces et la phase inorganique sont les points.

Les dépôts obtenus par voie sol-gel sont préparés à température ambiante. Pour obtenir la densification complète, il faut des traitements thermiques à température modérée. Les hybrides spéciaux avec des groupes photopolymérisables peuvent substituer ce traitement [VILLEGAS 2001].

Parmi ces matériaux hybrides avec des propriétés contrôlables conformément à la chaîne organique, se détachent les composés di-ureasils, qui ont été étudiés par quelques groupes ces dernières années [ANDRÉ 2001; BERMUDEZ 1999 et 2001; CARLOS 2000, 2001, 2003, 2004]. Les composés sont appelés di-ureasils parce qu'ils ont une partie organique, un siloxane, liée à une partie organique, une polyoxyde d'éthylène, par un pont d'urée. Ils sont donc hybrides de classe II.

Ces matériaux sont très versatiles et ont été très utilisés par plusieurs raisons : (a) leurs liaisons Si-O et Si-C sont stables, (b) les précurseurs utilisés sont réactifs, purs et homogènes, (c) sa structure finale peut être contrôlée par des paramètres comme : la quantité d'eau et d'alcool pendant l'hydrolyse, la température, le type de catalyseur, le type de solvant; (d) la présence du silicium confère une bonne résistance mécanique, une bonne stabilité thermique et un caractère amorphe, (e) des films et des monolithes de plusieurs épaisseurs peuvent être préparés et (f) il est possible d'ajouter des groupes organiques à basse température de traitement [BERMUDEZ 1999]. La variété des groupes qui peuvent être ajoutés est immense, donc augmente la possibilité d'applications de ces matériaux, même pour des fins optiques.

État de l'art, motivation et objectifs.

Dans des travaux précédents [André 2002], les hybrides organiques et inorganiques du type di-ureasils et di-uretanosils ont été caractérisés structurellement et morphologiquement [CARLOS 2000 et 2004; FERREIRA 1999 et 2001]. Dans ces matériaux qui sont émetteurs de lumière blanche, se détache l'intérêt dans l'optimisation des propriétés intrinsèques du matériel et son utilisation comme des matrices par des complexes de terres rares [FERREIRA 2010].

L'objectif de ce travail consiste à déterminer la structure de l'hybride U600 pur, en utilisant des techniques comme la RMN de ^{29}Si, la spectroscopie vibrationnelle dans la région e l'infrarouge et la diffraction des rayons X. Pour l'étude structurelle basique, a été proposé aussi l'insertion de zirconium dans cette matrice, parce que le zirconium permet le contrôle des propriétés mécaniques et de l'indice de réfraction du matériau.

Chapitre 2

Caractérisation structurelle.

L'étude des nouveaux matériaux est très importante pendant la préparation et aussi en relation à leur utilisation. La connaissance des liaisons chimiques peut éclaircir l'interaction du matériau avec les dopants présents, et il peut aider le contrôle des propriétés optiques, mécaniques, thermiques et électriques.

Préparation du matériau.

L'hybride U600 a été obtenu par réaction entre le 3-isocyanatepropyltrietoxisilane 95% (isotreos) et le o,o-bis(2-aminepropyl)polyethyleneglicol 500 (jeffamine). La Figure 2.2 montre la préparation. La préparation du matériau final est réalisée avec l'ajout du zirconium coordonné avec l'acide méthacrylique (Figure 2.1). [KICKELBICK 1999; TRIMMEL 2000].

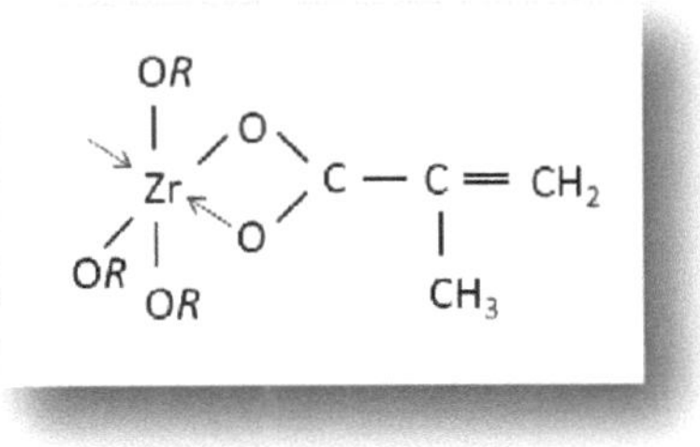

Figure 2.1: Structure du complexe Zr plus AMA (R= radical organique).

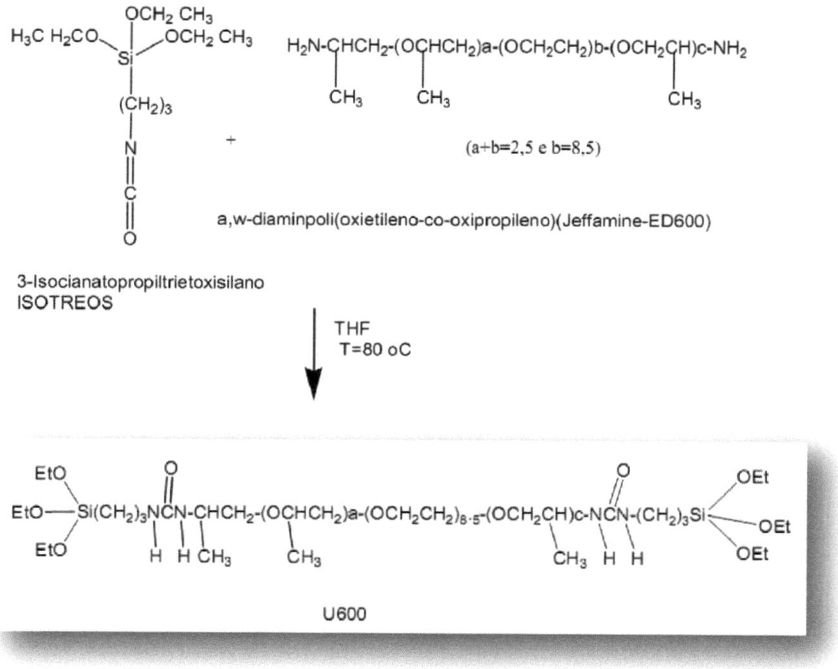

Figure 2.2: Préparation du hybride U600 (THF est le solvant tétrahydrofurane)

Les films ont été obtenus avec différents rapports Zr:Si. L'identification des échantillons a été réalisée par le pourcentage de zirconium (ex. Z25 contient 25% de Zr et le total est tel que Zr + Si = 100, donc Z25 correspond à Zr:Si = 25:75).

Pour l'étude structurelle par spectroscopie, les échantillons ont été dopées avec l'ion europium (1,7% Eu/ (Zr+Si)) à partir du complexe $Eu(TTA)_3 \cdot 2H_2O$ ou avec de la rhodamine 6G.

La technique SAXS (Diffusion des rayons X aux petits angles).

La diffusion des rayons X aux petits angles (SAXS pour Small-Angle X-ray Scattering) utilise le contraste de la densité électronique pour connaître la structure des matériaux. [DAHMOUCHE 2002].

Les mesures ont été réalisées au Laboratoire National Synchrotron à Campinas au Brésil. La figure 2.3 montre les résultats obtenus pour différents hybrides.

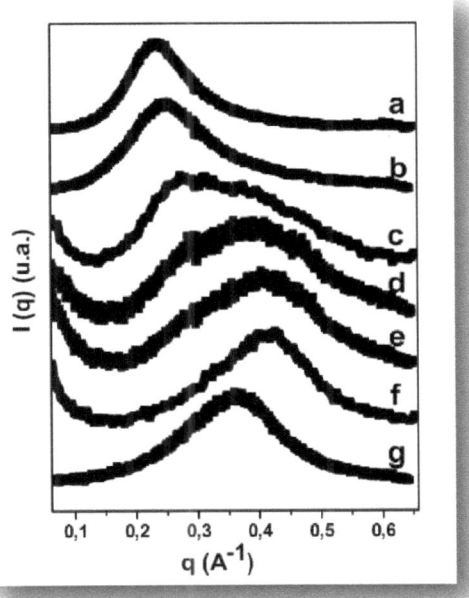

Figure 2.3: Courbes de SAXS des échantillons: (a)U600, (b) Z15, (c) Z40, (d) Z50 (e) Z60, (f) Z75 e (g)Z85.

Tous les échantillons présentent une élévation qui correspond à la corrélation des distances entre les particules de silicium. Le maximum est variable avec la concentration de zirconium. Cette augmentation indique que le système n'est pas complètement désorganisé. Le zirconium est certainement le responsable de cette petite organisation. Ces résultats sont en bon accord avec la littérature, où les tailles des particules de silicium sont plus au moins de 27Å pour l'hybride U600 pur [ANDRÉ 2002].

Diffraction de rayons X

Les échantillons ont été analysés en poudre [KICKELBICK 1999; CORREIA 2002; SCHUBERT 2002; CARLOS 2003; CORREIA 2003; GONÇALVES 2004; MOLINA 2005]. La figure 2.4 montre les courbes obtenues pour les échantillons indiqués.

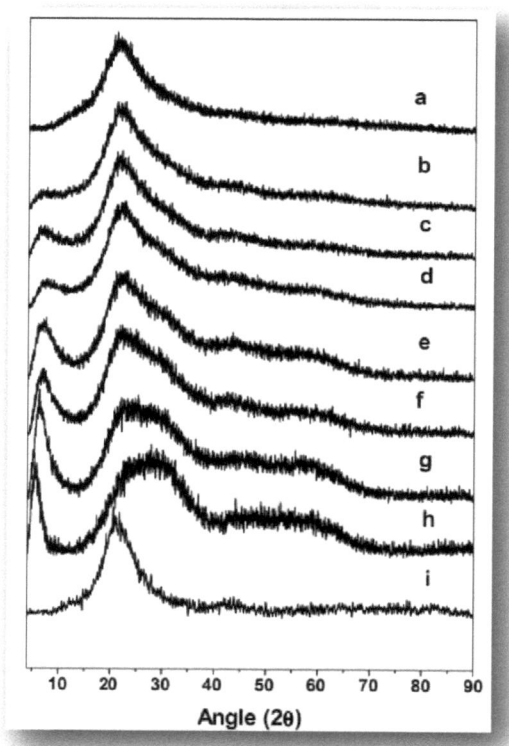

Figure 2.4: Courbes de diffraction des rayons X pour des hybrides.

La courbe du U600 montre une bande large dans la région de 2θ=21°. Dans la région de 2θ<10° une petite bande est visible, et sa localisation est liée à concentration de zirconium.

On peut calculer la distance de corrélation Lc pour les bandes aux petits angles: Lc = 0,9λ/BcosθB où Lc est la distance de corrélation, λ est la longueur d'onde (0,154 nm), B est la largeur de la bande et θB est l'angle où l'intensité est maximale. Les valeurs obtenues entre 4.1 et 10.6 nm montrent la distance pour laquelle il existe une corrélation entre les particules de silicium. Avec l'augmentation de zirconium dans le système, l'ordre augmente; Cette relation indique que le zirconium contribue à augmenter l'ordre dans le système.

Spectroscopie vibrationnelle dans la région de l'infrarouge.

La figure 2.5 montre les spectres des hybrides.

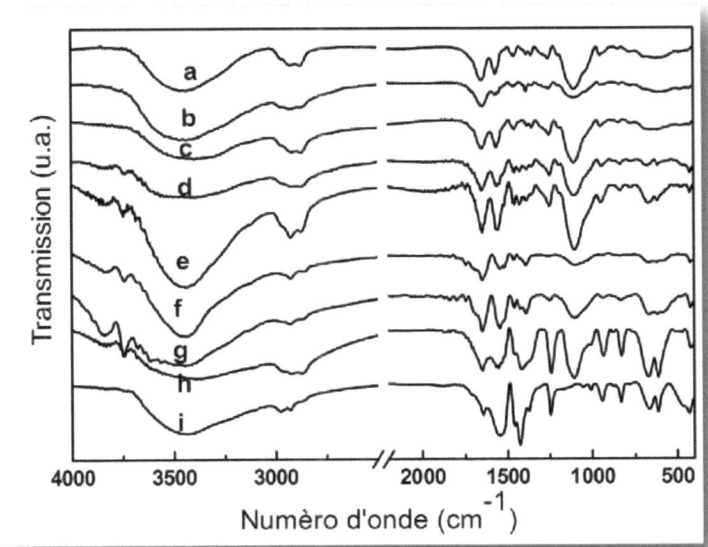

Figure 2.5: Spectres de transmission dans l'infrarouge par les échantillons: (a) U600 (b)Z15, (c)Z25, (d)Z40, (e)Z50, (f)Z60, (g)Z75, (h)Z85 et (i) Z100.

L'addition du zirconium doit défavoriser la formation de ponts d'hydrogène entre les groupes N-H parce qu'il y a moins de N-H proches avec l'augmentation de la concentration de zirconium. La coordination des cations sur la partie organique est observé à 1100 cm^{-1} est elle très importante pour savoir où le zirconium fait la liaison avec l'hybride [MOLINA 2003b]. Quand l'intensité de cette bande augmente, ça veut dire que il y a des choses qui sont liées dans les oxygènes de type éther qui se trouvent dans la partie moyenne de la molécule. On peut observer cette augmentation sur l'échantillon Z60, parce pour cette concentration de zirconium, l'oxyde de zirconium formé va se déposer dans la partie organique de la structure. En dessous de cette concentration de zirconium, on peut dire que le zirconium va se lier à la partie inorganique de l'hybride, et donc que les liaisons urée sont proches de l'atome de silicium. C'est donc préférable d'utiliser le zirconium quand il n'est pas trop concentré.

Résonance Magnétique Nucléaire.

Les analyses ont été faites avec l'équipement Varian 500. La notation Tn (où n=1, 2 ou 3) indique le numéro des liaisons Si-O-Si qui sont présentes. Les structures sont $(SiO)Si(CH_2)_3(OH)_2$ pour T1, $(SiO)_2Si(CH_2)_3(OH)$ pour T2 et $(SiO)_3Si(CH_2)_3$ pour T3 [FU 2004]. La figure 2.6 montre les courbes obtenues.

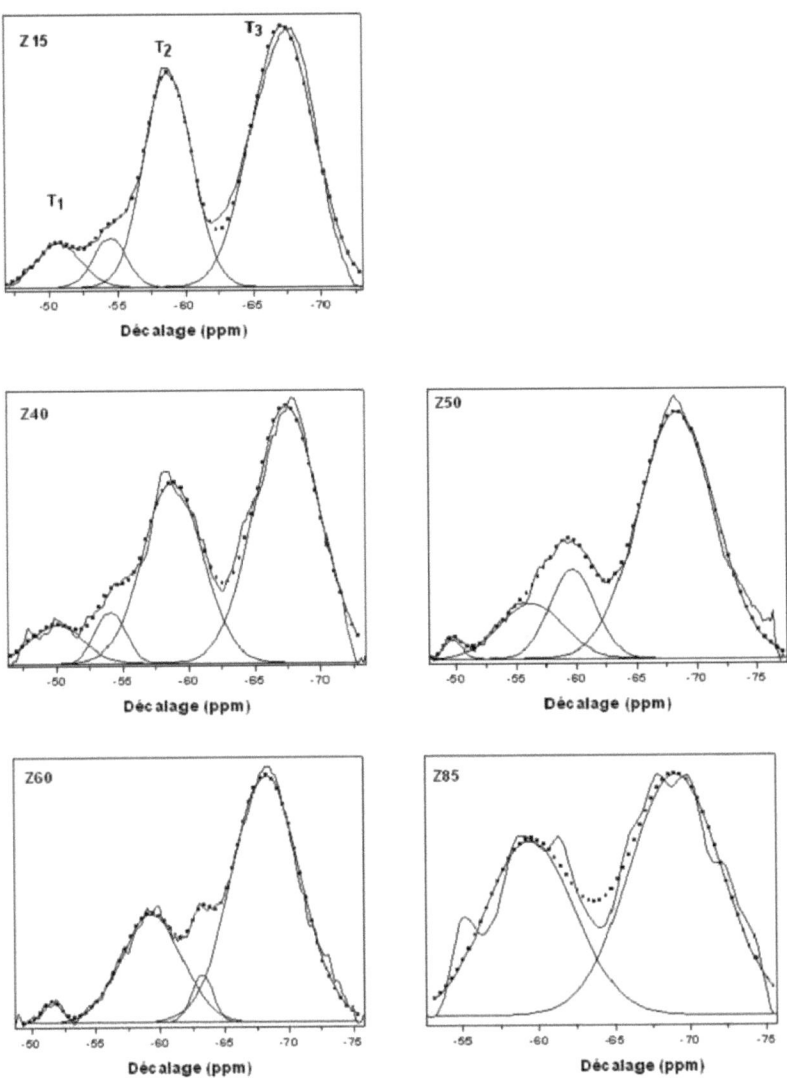

Figure 2.6: Courbes de RMN de ^{29}Si des solides (Z15 à Z85, indiqués dans la figure).

Le degré de condensation a été calculé par l'expression C=1/3(%T1+2.%T2+3.%T3) [CARLOS 2003 et 2000b; OUBAHA 2003]. Le tableau 2.1 indique les valeurs du pourcentage de la région de la courbe et du degré de condensation (C) des échantillons. Pour tous les échantillons, les espèces T3 sont prédominantes. Ça veut dire que la réaction de condensation favorise la formation de structures ramifiées, et non des structures linéaires [ANDRÉ 2002]. On peut observer l'augmentation dans la relation T3/T2 lors de l'augmentation du zirconium. Cette augmentation indique l'effet catalytique du zirconium dans les réactions de condensation du silicium [OUBAHA 2003].

L'augmentation du degré de condensation indique aussi que le zirconium peut contribuer à la formation de structures plus compactes, comme celles observées par SAXS. En contraste, l'échantillon Z85 présente la diminution du degré de condensation. Ça s'explique par l'excès de l'acide méthacrylique. Sa polymérisation peut diminuer la mobilité de la structure et donc peut rendre difficile l'obtention de la condensation entre les groupes de silicium [MOLINA 2004].

Tableau 2.1: Pourcentages de T1, T2 et T3 et degree de condensation obtenu par RMN de ^{29}Si des solides.

Échantillon	T1(%)	T2(%)	T3(%)	C(%)
Z15	6.6	39.1	54.3	82.6
Z40	6.4	39.4	54.2	82.6
Z50	1.2	27.9	70.9	89.9
Z60	1.6	26.5	71.9	90.1
Z85	-	40.9	59.1	86.4

Structure de la matrice hybride.

La taille et la forme des particules de zirconium sont définies pour les conditions de réaction. Les donnés de SAXS indiquent que les régions riches en silicium ont leur distribution homogène en relation avec la distance. Cette homogénéité est due à la structure de l'hybride U600 qui a deux atomes de silicium au début et à la fin de la structure avec des distances constantes. Cette distance peut être un peut variée avec la concentration de zirconium, qui change la conformation de la structure.

Si on considère juste la structure de l'hybride, sauf la possibilité d'hétérocondensation Zr-O-Si, il y a deux positions où le zirconium peut faire la liaison. La première est la région du groupe urée (-NH-C=O-NH-) qui est proche du silicium au début et à la fin de la chaîne. La deuxième est la région des groupes polyéthers plus distants du silicium. Les analyses présentées indiquent que le zirconium a la préférence pour la région urée. Quand cette région est saturée, le zirconium va se déposer sur la deuxième région, les groupes polyéthers. Les donnés de la diffraction des rayons X et de SAXS indiquent que cette saturation peut se produire après l'échantillon Z50, où sont observées quelques modifications. La figure 2.7 montre la structure suggérée.

La spectroscopie dans l'infrarouge indique que le zirconium forme une liaison avec des deux régions possibles sur l'hybride, comme l'indique les études par SAXS. Les enregistrements de diffraction des rayons X montre l'augmentation de la cristallisation du système avec l'augmentation de zirconium dans l'hybride. Les courbes de RMN de 29Si indiquent qu'il n'existe pas d'hétérocondensation Zr-O-Si et montrent que les espèces T3 sont prédominantes.

Donc la structure obtenue est formée par les centres de silicium distribués avec des distances régulières, liés par chaînes organiques que forme l'hybride U600. Dans cette matrice, quand le zirconium est additionné en faibles quantités, on peut observer la liaison du zirconium dans les régions riches en silicium. Quand le zirconium est additionné en fortes quantités, on peut observer une structure plus compacte avec plus des distances différentes entre les centres de silicium parce que le zirconium forme une liaison avec la région polymère.

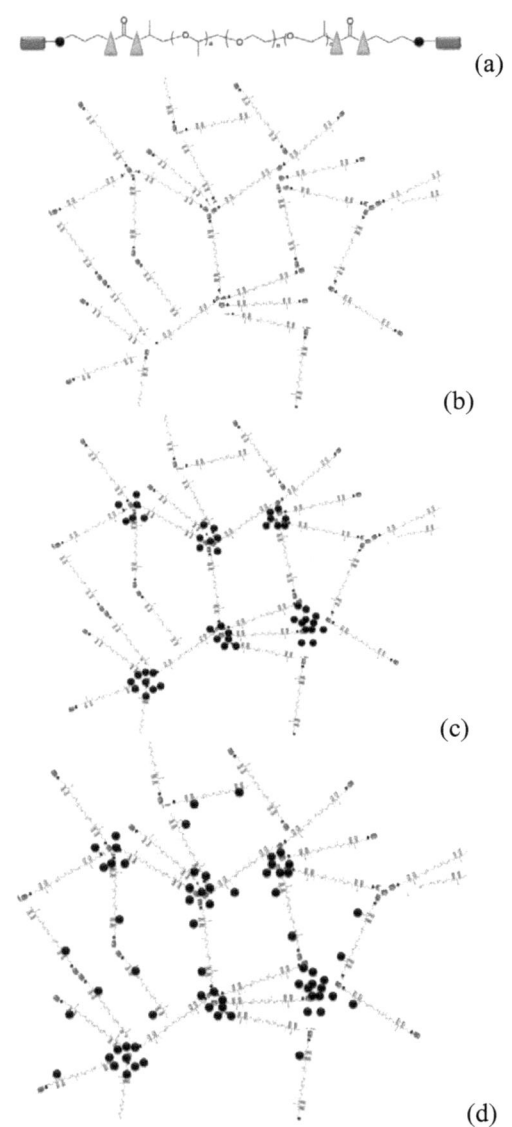

Figure 2.7: Structure de la matrice hybride de zirconium et silicium (hybride U600); (a) hybride U600pur; (b) matrice formée après les réactions d'hydrolyse et condensation de l'hybride sans zirconium; (c) matrice hybride avec faible concentration de zirconium; (d) matrice hybride avec haute concentration de zirconium.

Chapitre 3

Luminescence

Hybrides U600-ZrAMA

Les spectres ont été obtenus avec un équipement SPEX Fluorolog F2121 avec une lampe de Xe de 450W, des monochromateurs SPEX modèle 1680 et photomultiplicateur R928 Hamamatsu. Le déclin d'émission a été fait avec une lampe pulsée (5mJ/pulse de 3µs) et un phosphorimètre SPEX modèle 19340.

L'hybride U600

La figure 3.1 présente les courbes d'émission du hybride U600 obtenue avec différentes longueurs d'onde d'excitation (λEXC). La bande large observée se décale quand λEXC augmente. Les deux composantes observées sont différentes. La première (530nm) ne se décale pas quand le longueur d'onde d'excitation augmente, alors que la deuxième se décale de 428 à 508 nm quand la longueur d'onde d'excitation augmente de 310 à 450nm [ANDRÉ 2002; CARLOS 2000a, 2001a, 2001b; DAHMOUCHE 2001].

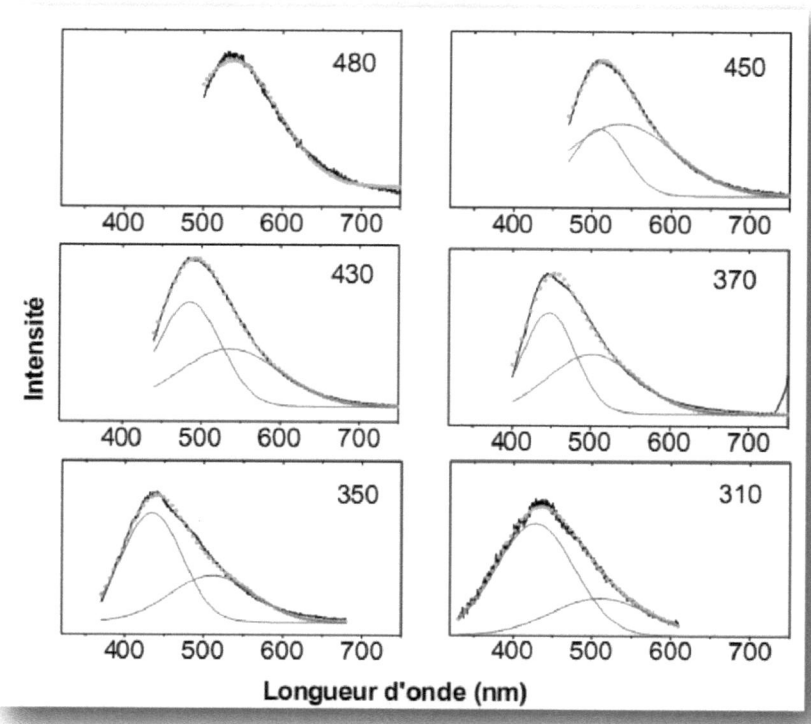

Figure 3.1: Spectres d'émission du hybride U600. La longueur d'onde d'excitation est indiquée dans chaque figure.

La figure 3.2 présente la position du maximum du pic d'émission en fonction de la longueur d'onde d'excitation. Par les valeurs de λEXC jusqu'à 350 nm, la variation de la position n'est pas observée. La bande large est due à des processus de recombinaison donneurs-accepteurs. La composante d'énergie la plus basse est en relation avec les groupes NH [ANDRÉ 2002]. La composante qui se décale est en relation avec les défauts d'oxygènes formés pendant les réactions d'hydrolyse et de condensation.

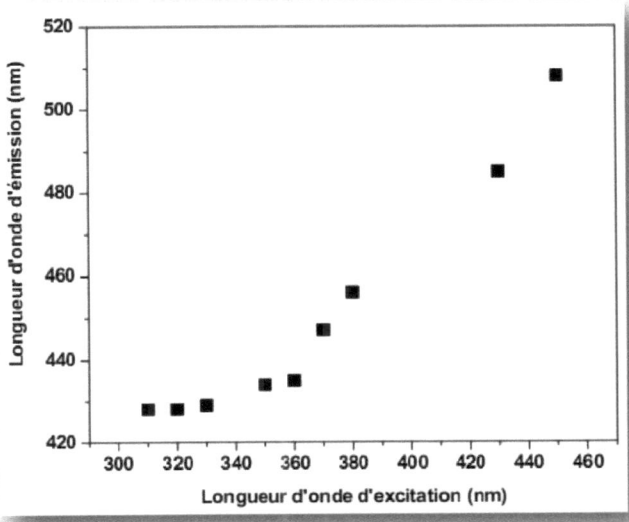

Figure 3.2: Position du maximum de la composante d'énergie la plus haute en fonction de la longueur d'onde d'excitation.

La figure 3.3 montre les spectres obtenus des hybrides avec différentes quantités de zirconium. On peut observer les mêmes caractéristiques que l'hybride U600 pur. L'effet du zirconium peut être observé dans les spectres obtenus avec des longueurs d'onde plus basses.

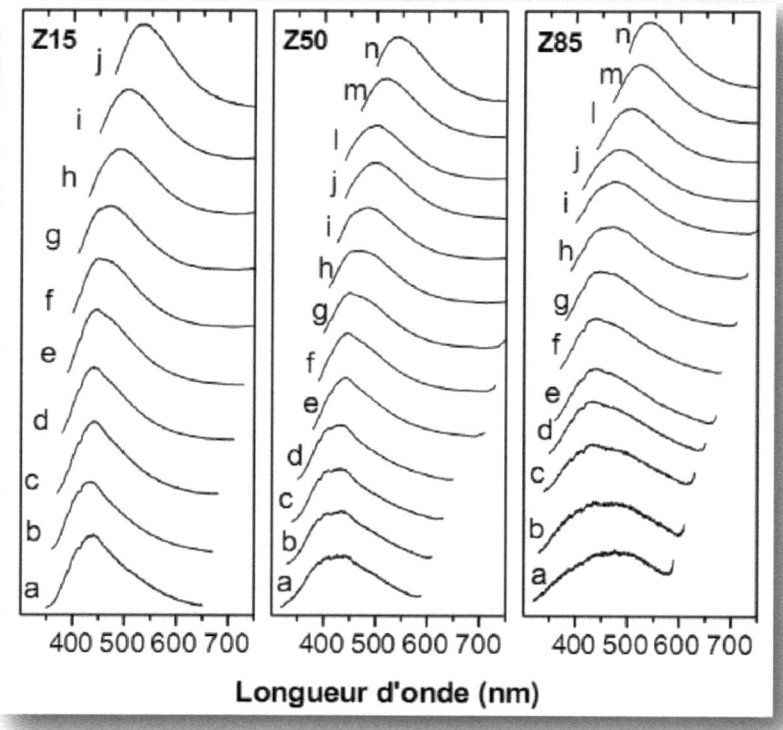

Figure 3.3: Spectres d'émission obtenus avec des échantillons Z15, Z50 e Z85; les longueurs d'onde d'excitation (nm) sont pour le Z15, a=330, b=340, c=350, d=360, e=370, f=380, g=390, h=409, i=429, j=466; pour le Z50 et Z85, a=300, b=310, c=320, d=330, e=360, f=370, g=380, h=390, i=405, j=420, l=430, m=450, n=480.

Hybrides U600-Zr-AMA-[Eu(TTA)$_3$.(H$_2$O)$_2$]

Le complexe formé entre lion europium Eu^{3+} et le tenoiltrifluoroacetonate (TTA) iaquatris(tenoiltrifluoroacetonate)europium (III), [Eu(TTA)$_3$(H$_2$O)$_2$] présente une émission forte dans la région rouge quand l'excitation est faite dans l'UV [CHARLES 1965]. Les complexes diminuent l'interaction de l'europium avec l'eau donc diminue les pertes d'énergie par des modes vibrationnels. La figure 3.4 présente les spectres obtenus des échantillons avec le complexe.

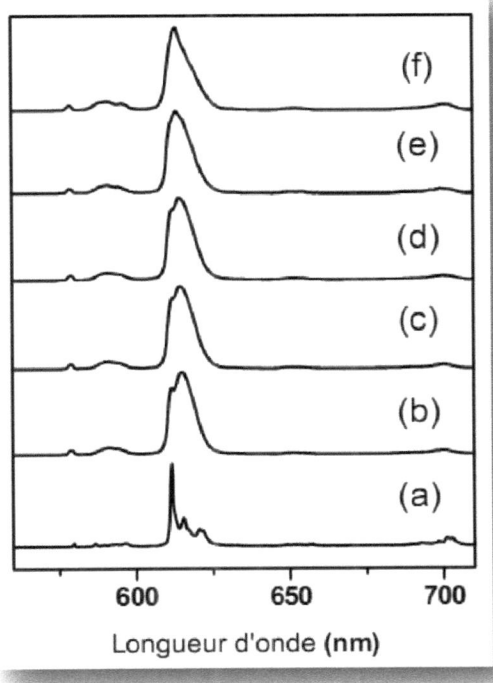

Figure 3.4: Spectres d'émission (λEXC= 350nm) (a) complexe [Eu(TTA)$_3$(H$_2$O)$_2$] pur (b-f) hybridesavec Eu-TTA, avec (b) Z15, (c) Z40, (d) Z50, (e) Z60 e (f) Z85.

L'émission du complexe pur présente une transition $^5D_0 \rightarrow ^7F_2$ plus forte, à 611,5, 615,4 et 621 nm. Les bandes d'émission des hybrides sont plus larges. Ça veut dire que l'europium a des interactions avec la matrice. La figure 3.5 présente les spectres d'excitation des mêmes échantillons.

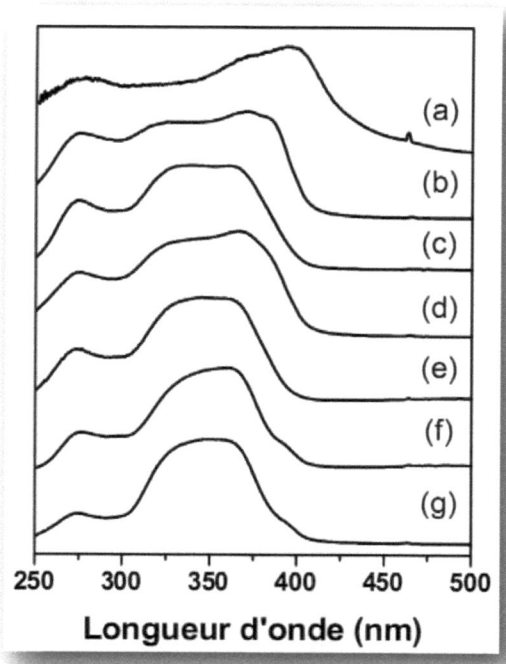

Figure 3.5: Spectres d'excitation de (a)[Eu(TTA)$_3$(H$_2$O)$_2$] pur et [Eu(TTA)$_3$(H$_2$O)$_2$]avec dês échantillons (b) hybride U600, (c) Z15, (d) Z40, (e)Z50, (f) Z60, (g) Z85; longueur d'onde d'émission à 614nm.

Le spectre du complexe va de l'UV jusqu'au visible. La petite bande fine observée à 464nm est due à des transitions du niveau fondamental $^7F_0$ aux états excités de la configuration $4f^6$. Quand cette transition disparaît ou diminue on peut suggérer que c'est du à l'interaction de l'europium avec la matrice. L'intensité relative de la bande large et les raies de l'europium peut être un indice de l'efficacité du processus de transfert d'énergie. Donc, quand on augmente le zirconium, on peut dire qu'on augmente l'efficacité de ce processus.

Temps de vie

Les temps de décroissance de l'état excité $^5D_0$ de l'ion europium ont été mesurés pour différents échantillons en changeant la concentration du zirconium (λEXC=394nm, λEM=612nm). Les courbes sont présentées sur la figure 3.6.

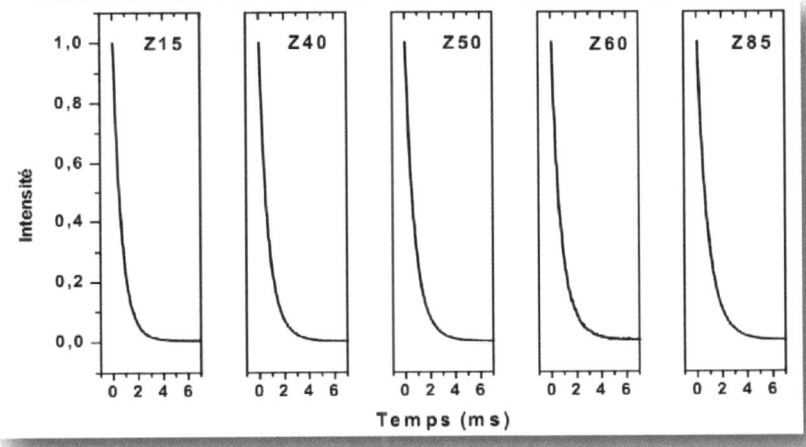

Figure 3.6: Courbes de décroissance de l'état excité $^5D_0$ des ions europium dans les échantillons indiqués.

Les temps de vie moyens ont été obtenus dans la région au-dessus de la courbe. Le tableau 3.1 présent les résultats. Il y a une croissance du temps de vie avec l'augmentation de la concentration du zirconium.

Tableau 3.1: Temps de vie (τ) pour lês hybrides avec Le complexe [Eu(tta)$_3$(H$_2$O)$_2$]

Échantilon	τ exp (ms)
Z15	0.70
Z40	0.72
Z50	0.73
Z60	0.79
Z85	0.85

Efficacité quantique (η).

La mesure de l'efficacité quantique est tirée de la comparaison du temps de vie expérimental avec le temps obtenu par l'inverse de la probabilité de transition radiatif ou le coefficient d'émission spontanée d'Einstein ($\eta = \tau EXP/\tau RAD$). Le coefficient d'émission spontanée de l'europium peut être obtenu à partir des spectres d'émission. Si on considère que la contribution non radiative de la décroissance est due exclusivement au transfert d'énergie à des molécules d'eau, on peut calculer le nombre de molécules d'eau qui sont présentes dans la première sphère de coordination de l'europium. Les résultats de temps de vie expérimental et théoriques (radiatif), l'efficacité quantique (η) et le nombre de molécules d'eau sont indiquées dans le tableau 3.2.

Tableau 3.2: Temps de vie experimental et théorique (radiatif), efficacité quantique (η) et nombre de molécules d'eau pour lês hybrides.

Échantillon	τ exp (ms)	τ rad (ms)	η (%)	Nb de molécules d'eau (+1,0)
U600	0.57 *	0,96	59	0,4
Z15	0,70	1,04	67	0,2
Z40	0,72	1,20	60	0,3
Z50	0,73	1,22	59	0,3
Z60	0,79	1,49	53	0,3
Z85	0,85	1,54	55	0,2

*[MOLINA 2003a]

La quantité d'eau dans tous les échantillons obtenue par les calculs est d'au maximum une molécule dans la sphère de coordination de l'ion europium. Les résultats indiquent que l'addition de zirconium sur l'hybride U600 contribue à la diminution de la quantité d'eau et donc à la croissance de l'efficacité de l'émission.

Chapitre 4

Applications.

La photosensibilité des hybrides organiques-inorganiques obtenue avec différentes concentrations de zirconium a été étudiée avec diverses sources lumineuses. Les couches ont été utilisées pour obtenir des réseaux de diffraction et des lasers à rétroaction répartie (DFB).

Réseaux de diffraction par lithographie.

Les réseaux ont été inscrits à l'Université de Campinas (Brésil), dans le laboratoire de Physique "Gleb Wataglin" - IFGW- avec le professeur Dr. Lucila Cescato. La lampe utilisée est une lampe de Hg de longueur d'onde proche de 350 nm et de puissance 15mW/cm^2 (voir figure 4.1).

Figure 4.1: Inscription d'une réseau de diffraction avec l'utilisation d'une lampe et d'un masque.

Les réseaux ont été écrits deux fois sur le même échantillon (Z50). Quand la deuxième gravure a été fait a 90° de la première, la première gravure n'est pas effacée. Donc, les réseaux obtenus sont permanents. La qualité des réseaux a été vérifiée par microscopie optique à l'Institut de Chimie d'Araraquara et l'efficacité de diffraction a été calculée. La figure 4.2 montre différents réseaux obtenus.

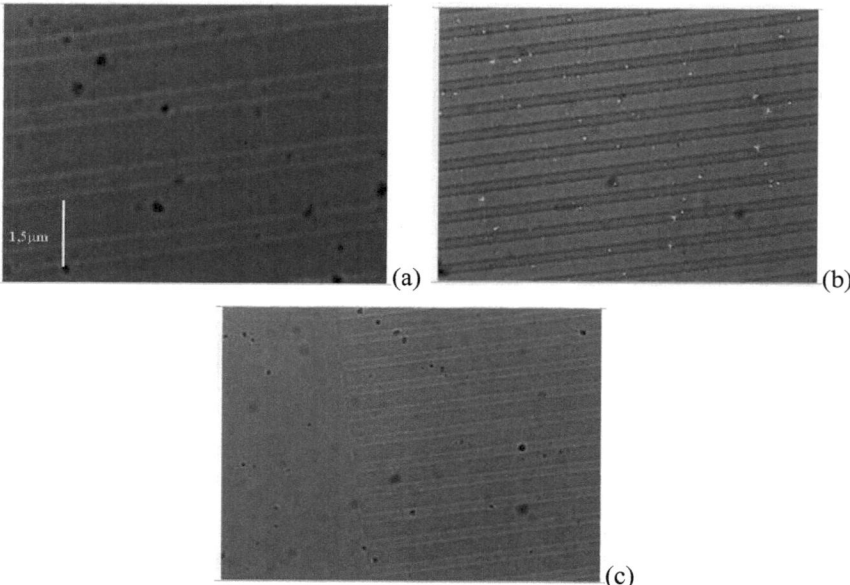

Figure 4.2: Microscopie optique des réseaux de diffraction obtenues par lithographie (lampe et masque). L'échelle indiqué sur la figure (a) est la même pour toutes les figures.

Le résultat de la mesure de l'efficacité est présenté le tableau 4.1. Les résultats sont en accord avec d'autres publications, où des efficacités de diffraction de 0,01% avec cyan-azobenzene polmethacrilate (PC6) [RODRIGUES 2006] et de 0,01- 0,2% avec polyphenylvinilene [KREBS 2006] ont été mesurées. La couverture avec de l'aluminium confirme que le réseau formé présente une modification du relief en surface et pas seulement de l'indice de réfraction.

Tableau 4.1: Puissance des faisceaux lasers diffractés pendant les measures d'efficacité de diffraction. *on a utilisé la moyenne entre les orders +1 et -1.

Ordre	I0	I+1	I-1	Efficacité relative *
Diffraction en transmission	3.66µW	1.5nW	1.9nW	0.05%
Diffraction en réflexion (couverture aluminium)	2.54µW	10.4nW	14.9nW	0.50%

Le calcul de la profondeur du réseau a été mené en utilisant la formule suivante [MENDES 1984]:

$$\cos(2\sigma) = 1 - \frac{I_n/I_0}{2(a/d)^2 . sinc^2(N.a/d) + (I_n/I_0).2.(1-a/d) - (a/d)}$$

où:

2σ = modulation;

sinc x = sinus cardinal = sin(x)/x en radian;

I_n et I_0 = intensité des ordres de diffraction.

Le calcul de la modulation perme d'obtenir la hauteur (h) du réseau:

$$2\sigma = \frac{2\pi}{\lambda}.\Delta n.h$$

où:

λ = longueur d'onde du laser de mesure de la diffraction

Δn = différence d'indice entre la zone éclairée et la zone non éclairée

h = hauteur du relief.

On obtient ainsi une hauteur de 5,5 nm.

Réseaux de diffraction par holographie : laser continu.

Les réseaux ont été obtenus à l'Institut de Physique de l'Université de São Paulo (USP) au Brésil, avec le professeur Dr. Máximo Siu Li. Le laser utilisé a été un laser Kr multiraies avec λ =337.5, 350.7 et 356.4 nm. Les échantillons utilisés ont été les Z85, Z50 et Z15. La gravure a été faite avec un dispositif interférentiel appelé miroir de Lloyd. La figure 4.3 indique le montage utilisé. La figure 4.4 présente l'efficacité de diffraction en fonction du temps.

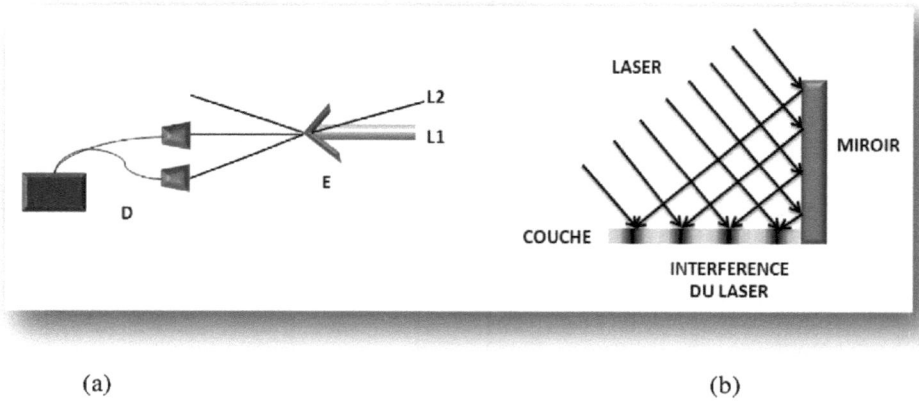

(a)　　　　　　　　　　　　　　(b)

Figure 4.3: (a) mesure de l'efficacité de diffraction en fonction du temps (L1 = laser UV, L2 = laser He-Ne, E = miroir de Lloyd et D = détecteur) et (b) détail du miroir de Lloyd.

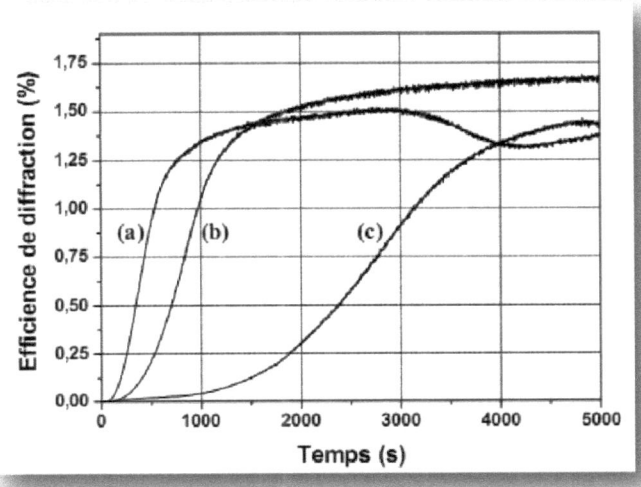

Figure 4.4: Efficacité de diffraction en fonction du temps. Les échantillons sont (a)Z85, (b)Z50 et(c)Z15. La puissance utilisée pour la gravure a été 400 mW.

On observe que les échantillons avec une forte concentration de zirconium ont une efficacité de diffraction qui augmente plus vite. Le valeur pour laquelle l'efficacité de diffraction converge (plus au moins 1,5%) indique le point de saturation du matériau.

Réseaux de diffraction par holographie: laser pulsé.

Les réseaux obtenus avec le laser pulsé ont été obtenus à l'Université PUC au Rio de Janeiro, Brésil, avec les professeurs Dr. Luiz Carlos Guedes Valente et Dr. Adriana Triques. La figure 4.5 montre le montage utilisé.

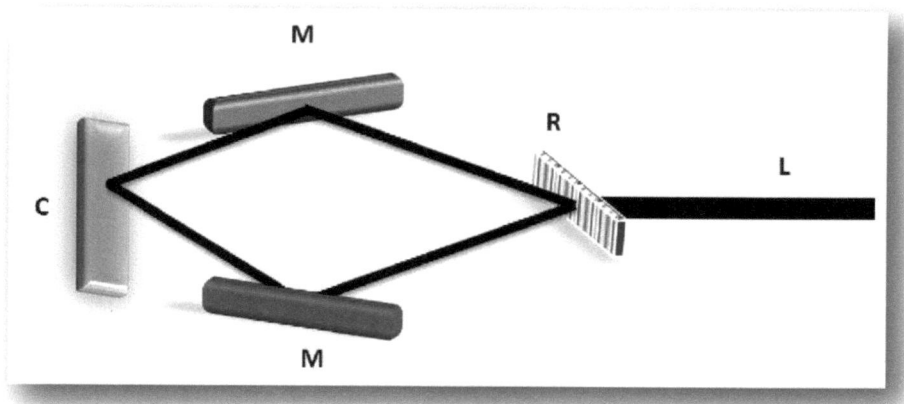

Figure 4.5: Montage utilisé par l'obtention des réseaux de diffraction: C=couche, M=miroir, R=réseau de diffraction pour diviser le faisceau, L=laser

Le laser Nd-YAG (λ = 266 nm) a été utilisé avec une puissance de 20-30 mW. On a fait varier es temps d'exposition. Les réseaux obtenus ont été observés par AFM (UFSCAR - São Carlos, Brésil). Les figures 4.6 et 4.7 montrent un réseau obtenu.

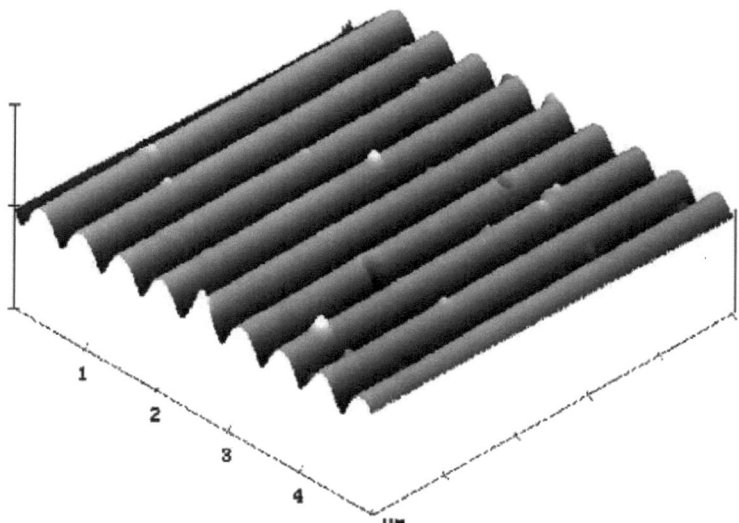

Figure 4.6: scan AFM des réseaux obtenus par exposition pendant 4 minutes.

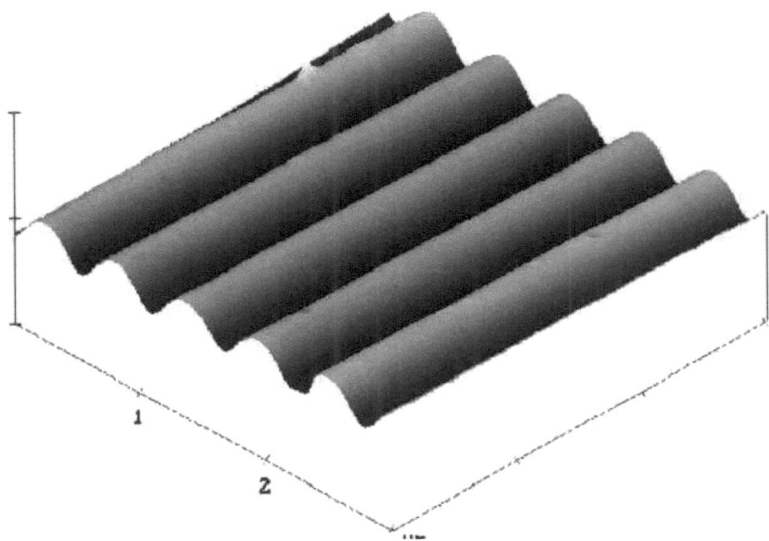

Figure 4.7: scan AFM des réseaux obtenus par une exposition de 45 secondes.

Les réseaux obtenus ont été réalisés par abrasion, donc par la variation d'épaisseur de la couche. Après analyses, nous avons vérifié qu'il est possible d'obtenir des réseaux par variation de l'indice de réfraction mais aussi par la variation de l'épaisseur de la couche dans le même matériau.

Réseaux dynamiques et lasers DFB.

Les essais sur l'effet laser DFB ont été réalisés au laboratoire POMA (Propriétés Optiques des Matériaux et Applications) à l'Université d'Angers, avec le professeur Dr. Jean-Michel Nunzi, Dr. Denis Gindre et Adrien Vesperini (doctorant). Pour les essais nous avons utilisé des couches avec de la rhodamine 6G. La figure 4.8 montre le spectre d'émission de la rhodamine dans la matrice U600-Zr-AMA avec une excitation à $\lambda = 532$ nm.

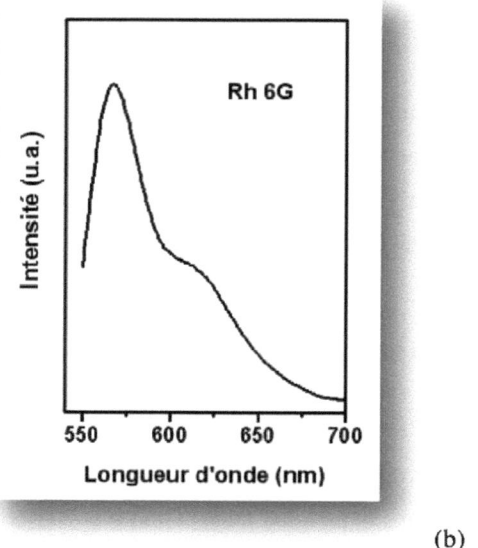

Figure 4.8: (a) Rhodamine 6G; (b) Spectre d'émission de la Rhodamine 6G, dans l'échantillon Z50, avec excitation en 532nm.

Les essais ont été faits avec les échantillons Z25, Z50 et Z75. Leurs indices de réfraction sont respectivement plus bas, égal et plus hauts que le verre. Le laser de pompage utilisé est un laser YAG :Nd pulsé (durée d'impulsion de 35ps), taux de répétition de 1Hz, et émettant dans l'infrarouge (λ = 1064 nm). Nous avons utilisé un cristal de KDP pour doubler la fréquence du rayonnement (λ =532 nm). Le montage utilise également un miroir de Lloyd et un dispositif pour collecter le signal (figure 4.9).

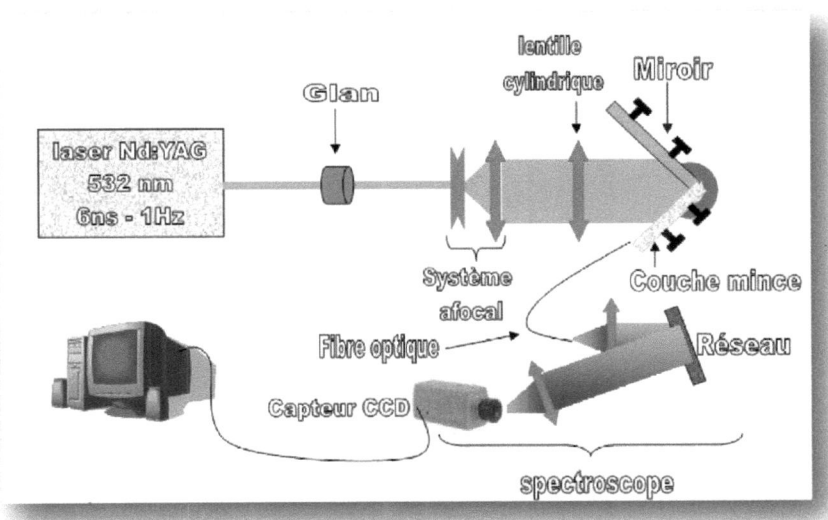

Figure 4.9: Équipements utilisés pour l'obtention de l'effet laser DFB dans les couches des hybridesdopés avec la rhodamine 6G. L'angle utilisé détermine le pas du réseau. La lumière émise est guidéepar une fibre optique jusqu'à un spectromètre couplé à une caméra CCD.

Variation de l'ordre (k).

Les figures 4.10 montrent la variation en longueur d'onde de l'émission laser de l'échantillon Z75. On peut observer que l'émission est d'autant plus intense que l'ordre est bas. Dans la figure 4.10(a) ont peut observer le bruit de l'émission spontanée amplifiée (ASE).

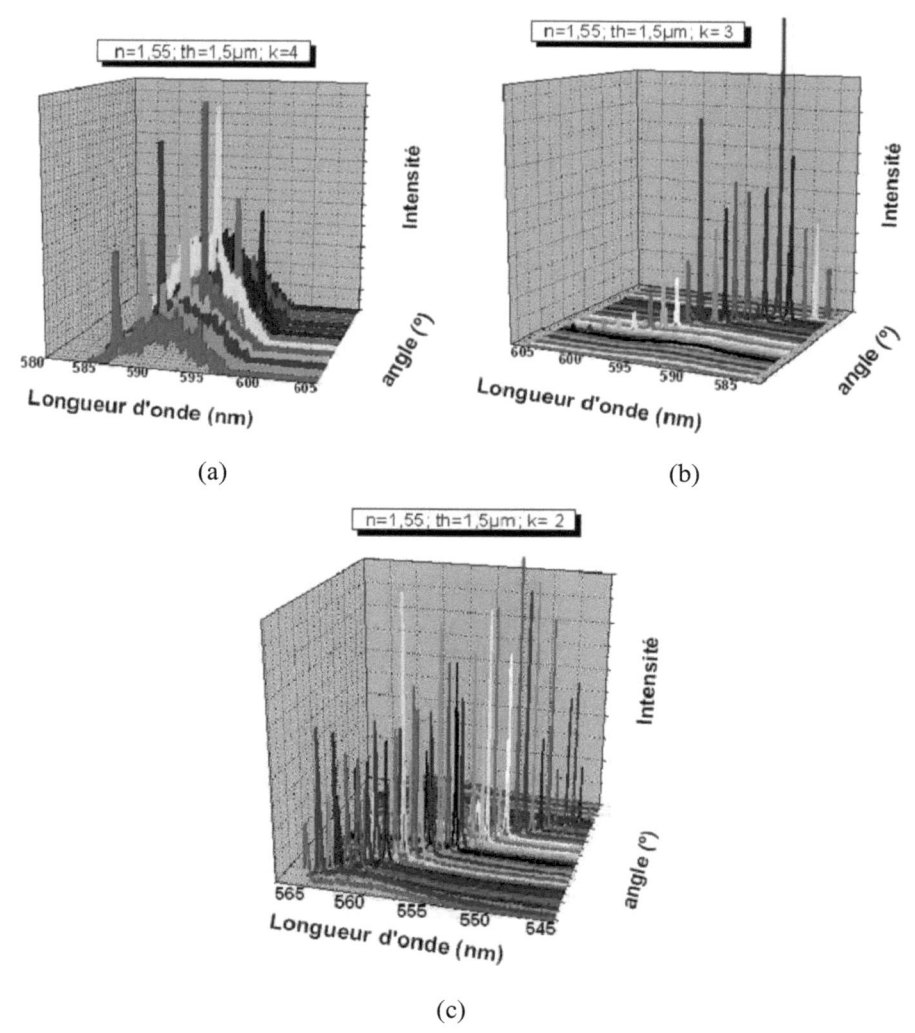

Figure 4.10: Émission laser de l'échantillon Z75 avec rhodamine 6G. (a) ordre 4; (b) ordre 3; (c) ordre 2; Epaisseurs et indices de réfraction sont indiqués sur les légendes.

Variation de l'indice de réfraction (n).

Quand l'indice de réfraction diminue, l'intensité du pic laser diminue également. Donc c'est plus difficile de voir les différents ordres. Pour l'échantillon Z25 il n'y a pas les différents ordres, parce que l'indice de réfraction de la couche est plus petit que l'indice du verre. Donc le pic laser est moins intense et est formé de pics multiples. (Figure 4.11).

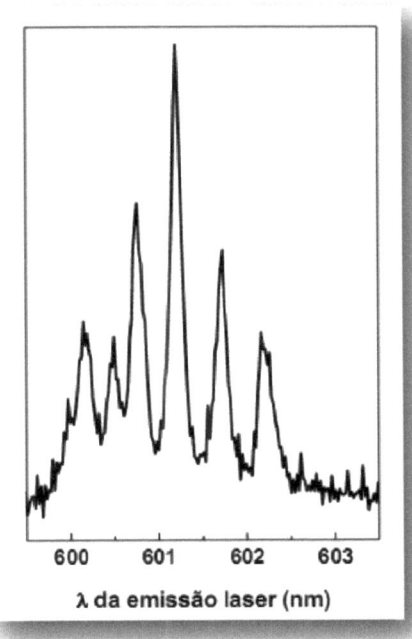

Figure 4.11: Émission laser de l'échantillon Z25 (n=1,51).

Variation de l'épaisseur (th).

La figure 4.12 montre l'émission laser de l'échantillon Z75 pour l'ordre k=2. Pour les différentes épaisseurs on peut observer différents pics lasers.

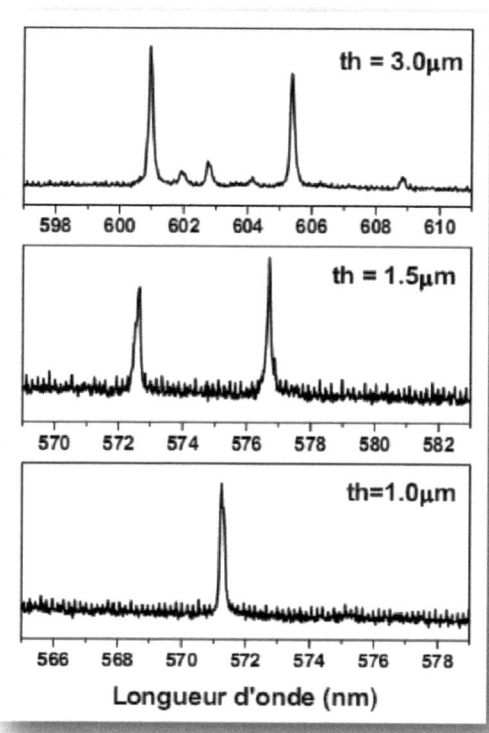

Figure 4.12: Pics laser dans l'échantillon Z75 (n=1.55) pour différentes épaisseurs (th est indiquée dans les légendes).

Pour les mêmes échantillons, le nombre de pics laser obtenus pour un angle donné est égal au nombre de modes guidés observés par spectroscopie m-lines. Donc, quand l'épaisseur augmente, le nombre de pics augmente. La figure 4.13 montre les modes guidés obtenues par spectroscopie m-lines, pour l'échantillon Z75 sans rhodamine 6G.

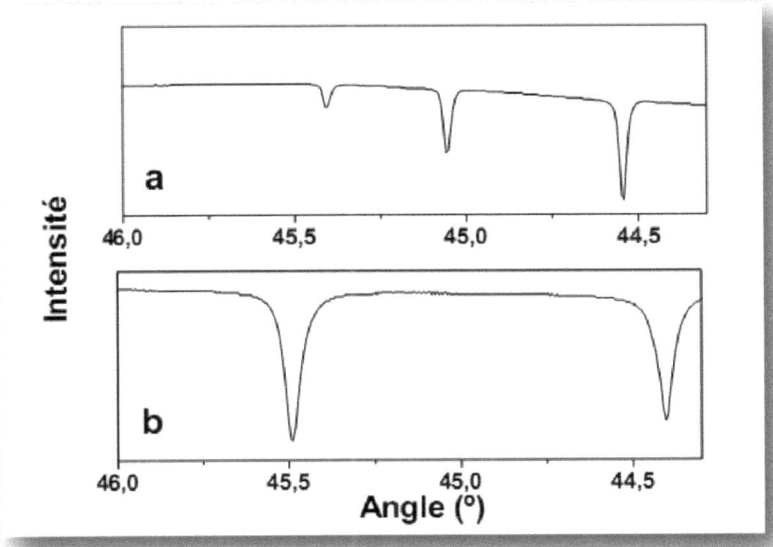

Figure 4.13: Modes guidés obtenues par m-lines (échantillon Z75, λlaser = 543,5nm, épaisseur (a) 3µm et (b) 1,5µm.

Les petits différences observées entre la figure 4.13 et 4.12 sont dues d'une part, à des différences entre les longueurs d'onde utilisées et d'autre part, au fait que les couches sont dopés avec la rhodamine 6G pour la figure 4.12 et ne le sont pas pour la figure 4.13. L'effet de l'épaisseur dans le nombre de modes laser a été étudié par H. Goudket [GOUDKET, 2004]. L'étude montre que la croissance de l'épaisseur augmente l'absorption et l'émission des colorants utilisés dans son travail (Rhodamine 6G et B). En comparant l'hybride U600-Zr-AMA avec d'autres matériaux polymères déjà étudiés, on voit que l'hybride présente quelques avantages: (i) sa résistance mécanique est excellente à cause du silicium présent dans la chaîne; (ii) leur propriétés générales peuvent être contrôlées en faisant varier le longueur de la chaîne organique (U900, U2000, etc); (iii) la solubilité des centres d'émissions dans l'hybride est forte, pour les composants organiques (comme la rhodamine 6G), pour les complexes (comme le $[Eu(TTA)_3.(H_2O)_2]$) et pour les sels de lanthanides ($EuCl_3$);

(iv) la quantité résiduelle d'eau est très basse, ainsi les propriétés d'émission sont améliorées; (v) sa stabilité thermique est plus haute que pour la majorité des composants organiques et polymère connus. Il y a également la possibilité de changer la proportion Si:Zr quand on change la quantité de Zr-AMA dans l'hybride. Ça veut dire que l'on peut contrôler les propriétés thermiques, mécaniques et optiques (indice de réfraction). On peut contrôler aussi l'ajout de matériaux photosensibles pour obtenir des réseaux permanents ou dynamiques dans le même matériau.

Chapitre 5

Conclusion, considérations finales et perspectives.

L'hybride est décrit comme une structure de deux phases qui contient des atomes de silicium corrélés spatialement. L'addition de zirconium montre de nouvelles propriétés, où la chaîne peut être modifiée. Par la technique SAXS, on observe que tous les échantillons présentent une corrélation des distances entre les particules de silicium. La taille et la distance sont variables avec la concentration de zirconium. Le système n'est donc pas complètement désorganisé. Il y a deux positions où le zirconium peut faire la liaison avec l'hybride. La première est la région du groupe urée (-NH-C=O-NH-) qui est proche du silicium au début et à la fin de la chaîne organique. La deuxième est la région des groupes polyéthers plus distants du silicium. Les analyses infrarouges présentées indiquent que le zirconium a la préférence pour la région urée.

Les données de la RMN et de l'infrarouge n'indiquent pas la présence d'hétérocondensation Zr-O-Si. La RMN indique que le zirconium peut contribuer à la formation de structures plus compactes, comme on l'a observé par SAXS. Avec la RMN on peut observer aussi l'effet catalytique du zirconium dans les réactions de condensation du silicium.

Les spectres d'émission de l'hybride non dopé présentent une bande large, qui est due à des processus de recombinaison donneurs-accepteurs. La composante d'énergie plus basse est en relation avec les groupes NH. La composante qui se décale est en relation avec les défauts des oxygènes formés pendant les réactions d'hydrolyse et de condensation.

Pour les spectres d'émission des hybrides dopés avec l'europium, l'intensité relative de la bande large et les raies de l'europium peut être un indice de l'efficacité du processus de transfert d'énergie. Donc, quand on augmente la quantité de zirconium, on peut dire que l'on augmente l'efficacité de ce processus.

Les réseaux obtenus dans les couches avec l'hybride ont été fait d'abord par abrasion, donc lorsque l'épaisseur de la couche varie. Les analyses ont permis de vérifier qu'il est possible d'obtenir des réseaux par variation de l'indice ainsi que par variation de l'épaisseur de la couche dans le même matériau.

L'effet laser DFB observé peut être l'objet d'étude pour de futurs travaux. Les échantillons sont faciles à préparer et la possibilité de nouvelles applications peut justifier des études ultérieures.

Comme perspectives, on peut étudier la préparation de nouveaux systèmes hybrides pour les lasers DFB; on peut essayer d'obtenir des réseaux par holographie et lithographie. On peut étudier des matériaux avec des structures proches mais qui sont moins coûteux pour des applications commerciales.

On peut également envisager l'étude des propriétés thermiques et mécaniques des hybrides avec le zirconium. On a vu que les matériaux sont potentiellement intéressants, parce que les études préliminaires que nous avons effectuées ont donné lieu à plusieurs applications.

Chapitre 6

Bibliographie.

ALMEIDA, R. M.; MORAIS, P. J.; VASCONCELOS, H. C. Optical loss mechanisms in nanocomposite sol-gel planar waveguides. **SPIE**, v. 3136, p. 296-303, 1997.

ANDRÉ, M. R. A. S. F. **Estrutura e luminescência de materiais híbridos orgânicos-inorgânicos modificados por iões lantanídeos**. 2002. 226 f. Tese (Doutorado em Física) - Departamento de Física, Universidade de Aveiro, Aveiro, Portugal, 2002.

AVNIR, D. Organic chemistry within ceramic matrixes: doped sol-gel materials. **Accounts of Chemical Research**, v. 28, p. 328-334, 1995.

BARALDI, A.; CAPELLETTI, R.; CASALBONI, M.; MORA, C.; PAVESI, M.; PIZZOFERRATO, R.; PROSPOSITO, P.; SARCINELLI, F. Effects of composition and catalyst on the optical properties of ZrO_2-based ormosil films. **Journal of Non-Crystalline Solids**, v. 317, p. 231-240, 2003.

BEAUCAGE, G.; ULIBARRI, T. A.; BLACK, E. P.; SCHAEFER, D. W. **Hybrid organic-inorganic composites**. Washington: American Chemical Society, 1995. 430 p.

BEKIARI, V.; LIANOS, P. Tunable photoluminescence from a material made by the interaction between (3-aminopropyl)triethoxysilane and organic acids. **Chemistry of Materials**, v. 10, p. 3777-3779, 1998a.

BEKIARI, V.; LIANOS, P. Characterization of photoluminescence from a material made by interaction of (3-aminopropyl)triethoxysilane with acetic acid. **Langmuir**, v. 14, p. 3459-3461, 1998b.

BENATSOU, M.; CAPOEN, B.; BOUAZAOUI, M.; TCHANA, W.; VILCOT, J. P. Preparation and characterization of sol-gel derived $Er^{3+}:Al_2O_3$-SiO_2 planar waveguides. **Applied Physics Letters**, v. 71, p. 429-430, 1997.

BERMUDEZ, V. Z.; CARLOS, L. D.; ALCÁCER, L. Sol-gel derived urea cross-linked organically modified silicates. 1. Room temperature mid-infrared spectra. **Chemistry of Materials**, v. 11, p. 569-580, 1999.

BERMUDEZ, V. Z.; FERREIRA, R. A. S.; CARLOS, L. D.; MOLINA, C.; DAHMOUCHE, K.; RIBEIRO, S. J. L. Coordination of Eu^{3+} ions in siliceous nanohybrids containing short polyether chains and bridging urea cross-links. **Journal of Physical Chemistry B**, v. 105, p. 3378-3386, 2001.

BLASSE, G. **Luminescent materials**. Berlim: Springer-Verlag, 1994. 232 p.

BRINKER, C. J.; SCHERER, G. W. **Sol gel science:** the physics and chemistry of sol gel processing. 2nd ed. London: Academic Press, 1990. 908 p.

BÜNZLI, J. C. G.; CHOPPIN, G. R. **Lanthanide probes in life, chemical and earth sciences:** theory and practice. Amsterdam: Elsevier, 1989. 432 p.

CANNING, J. Fibre lasers and related technologies. **Optics and lasers in engineering.** In press.

CARLOS, L. D.; BERMUDEZ, V. Z.; FERREIRA, R. A. S.; MARQUES, L.; ASSUNÇÃO, M. Sol-gel derived urea cross-linked organically modified silicates. 2. blue-light emission. **Chemistry of Materials,** v. 11, p. 581-588, 1999.

CARLOS, L. D.; FERREIRA, R. A. S.; BERMUDEZ, V. Z. An intra-Nd^{3+} visible to infrared conversion process in hybrid xerogels. **Electrochimica Acta**, v. 45, p. 1555-1560, 2000a.

CARLOS, L. D.; FERREIRA, R. A. S.; ORION, I.; BERMUDEZ, V. Z.; ROCHA, J. Sol–gel derived nanocomposite hybrids for full colour displays. **Journal of Luminescence,** v. 87-89, p. 702-705, 2000b.

CARLOS, L. D.; FERREIRA, R. A. S.; BERMUDEZ, V. Z. Coordenação local do Eu(III) em híbridos orgânicos/inorgânicos emissores de luz branca. **Química Nova,** v. 24, n. 4, p. 453-459, 2001a.

CARLOS, L. D.; FERREIRA, R. A. S.; BERMUDEZ, V. Z.; RIBEIRO, S. J. L. Full-color phosphors from amine-functionalized crosslinked hybrids lacking metal activator ions **Advanced Functional Materials**, v. 11, n. 2, p. 111-115, 2001b.

CARLOS, L. D.; FERREIRA, R. A. S.; BERMUDEZ, V. Z. Light emission from organic-inorganic hybrids lacking activating centers. In: NALWA, H. S. **Handbook** of organic-inorganic hybrid materials and nanocomposites. California: American Scientific Publishers, 2003. v. 1, cap. 9, p. 353-380.

CARLOS, L. D.; FERREIRA, R. A. S.; PEREIRA, R. N.; ASSUNÇÃO, M.; BERMUDEZ, V. Z. White-light emission of amine-functionalized organic/inorganic hybrids: emitting centers and recombination mechanisms. **Journal of Physics Chemistry B**, v. 108, p. 14924-14932, 2004.

CHANG, T. C.; WANG, Y. T.; HONG, Y. S.; CHIU, Y. S. Effects of inorganic components on the structure and thermo-oxidative degradation of PMMA modified metal alkoxide-EAA complex. **Termochimica Acta**, v. 390, p. 93-102, 2002.

CHEN, Y.; JIN, L.; XIE, Y. Sol-gel processing of organic-inorganic nanocomposite protective coatings. **Journal of Sol-Gel Science and Technology**, v. 13, p. 735-738, 1998.

CIN, M. D.; DAVALLI, S.; MARCHIORO, C.; PASSARINI, M.; PERINI, O.; PROVERA, S.; ZARAMELLA, A. Analytical methods for the monitoring of solid phase organic synthesis. **Farmaco**, v. 57, p. 497-510, 2002.

CORREIA, S. M. G.; BERMUDEZ, V. Z.; SILVA, M. M.; BARROS, S.; FERREIRA, R. A. S.; CARLOS, L. D.; ALMEIDA, A. P. P.; SMITH, M. J. Morphological and conductivity studies of di-ureasil xerogels containing lithium triflate. **Electrochimica Acta**, v. 47, p. 2421-2428, 2002.

CORREIA, S. M. G.; BERMUDEZ, V. Z.; SILVA, M. M.; BARROS, S.; FERREIRA, R. A. S.; CARLOS, L. D.; ALMEIDA, A. P. P.; SMITH, M. J. Sol-gel derived POE/siliceous hybrids doped with Na^+ ions: morphology and ionic conductivity. **Solid State Ionics**, v. 156, p. 85-93, 2003.

DAHMOUCHE, K.; CARLOS, L. D.; SANTILLI, C. V.; BERMUDEZ, V. Z.; CRAIEVICH, A. F. Small-angle X-ray scattering study of gelation and aging of Eu^{3+}-doped sol-gel-derived siloxane-poly(oxyethylene) nanocomposites. **Journal of Physical Chemistry B,** v. 106, p. 4377-4382, 2002.

DAHMOUCHE, K.; CARLOS, L. D.; BERMUDES, V. Z.; FERREIRA, R. A. S.; SANTILLI, C. V.; CRAIEVICH, A. F. Structural modelling of Eu^{3+}-based siloxane-poly(oxyethylene) nanohybrids. **Journal of Materials Chemistry**, v. 11, p. 3249-3257, 2001.

DESHPANDE, A. V.; KUMAR, U. Effect of method of preparation on photophysical properties of Rh-B impregnated sol–gel hosts. **Journal of Non-Crystalline Solids,** v. 306, p. 149-159, 2002.

DUMARCHER, V.; ROCHA, L.; DENIS, C.; FIORINI, C.; NUNZI, J.- M.; SOBEL, F.; SAHRAOUI, B.; GINDRE, D. Polymer thin-film distributed feedback tunable lasers. **Journal of Optics A: Pure Applied Optics,** v. 2, p. 279-283, 2000.

DUVERGER, C.; FERRARI, M.; MAZZOLENI, C.; MONTAGNA, M.; PUCKER, G.; TURRELL, S. Optical spectroscopy of Pr^{3+} ions in sol–gel derived GeO_2–SiO_2 planar waveguides. **Journal of Non-Crystalline Solids,** v. 245, p. 129-134, 1999.

DYER, P. E.; FARLEY, R. J.; GIEDL, R.; KARNICKI, D. M. Excimer laser ablation of polymers and glasses for grating fabrication. **Applied Surface Science,** v. 96/98, p. 537-549, 1996.

ETTIENNE, P.; COUDRAY, P.; PORQUE, J.; MOREAU, Y. Active erbium-doped organic–inorganic waveguide. **Optics Communications,** v. 174, p. 413-418, 2002.

FERRARO, P.; NATALE, G. On the possible use of optical fiber Bragg gratings as strain sensors for geodynamical monitoring. **Optics and Laser in Engeneering,** v. 37, p. 115-130, 2002.

FERREIRA, R. A. S.; CARLOS, L. D.; BERMUDEZ, V. Z. Excitation energy dependence of luminescent sol-gel organically modified silicates. **Thin Solid Films,** v. 343-344, p. 476-480, 1999.

FERREIRA, R. A. S.; CARLOS, L. D.; GONÇALVES, R. R.; RIBEIRO, S. J. L.; BERMUDEZ, V. Z. Energy-transfer mechanisms and emission quantum yields in Eu^{3+}-based siloxane-poly(oxyethylene) nanohybrids. **Chemistry of Materials,** v. 13, p. 2991-2998, 2001.

FERREIRA, R. A. S.; CARLOS, L. D.; BERMUDEZ, V. Z.; MOLINA, C.; DAHMOUCHE, K.; MESSADDEQ, Y.; RIBEIRO, S. J. L. Room temperature visible/infrared emission and energy transfer in Nd^{3+}-based organic/inorganic hybrids. **Journal of Sol-gel Science and Tecnology,** v. 26, n. 1/3, p. 315-319, 2003.

FERREIRA, R. A. S.; OLIVEIRA, D. C.; MAIA, L. Q.; VICENTE, C. M. S.; ANDRE, P. S.; ZEA BERMUDEZ, V; RIBEIRO, S. J. L.; CARLOS, L. D. Enhanced Photoluminescence features of Eu^{3+} -modified di-ureasil-zirconium oxocluster organic-inorganic hybrids. **Optical Materials,** v.32, p.1587-1591, 2010.

FIORINI, C.; PRUDHOMME, N.; DE VEYRAC, G.; MAURIN, I.; RAIMOND, P.; NUNZI, J. M. Molecular migration mechanism for laser induced surface relief grating formation. **Synthetic Metals,** v. 115, p. 121-125, 2000.

FRESCHI, A. A.; SANTOS, F. J.; RIGON, E. L.; CESCATO, L. Phase-locking of superimposed diffractive gratings in photoresists. **Optics Communications,** v. 208, p. 41–49, 2002.

FU, L.; FERREIRA, R. A. S.; SILVA, N. J. O.; CARLOS, L. D. Photoluminescence and quantum yields of urea and urethane cross-linked nanohybrids derived from carboxylic acid solvolysis. **Chemistry of Materials,** v. 16, p. 1507-1516, 2004.

GANGOPADHYAY, T. K. Prospects for fibre bragg gratings and Fabry-Perot interferometers in fibre-optic vibration sensing. **Sensors and Actuators A,** v. 113, p. 20-38, 2004.

GONÇALVES, M. C.; BERMUDEZ, V. Z.; FERREIRA, R. A. S.; CARLOS, L. D.; OSTROVSKII, D.; ROCHA, J. Optically functional di-urethanesil nanohybrids containing Eu^{3+} ions. **Chemistry of Materials,** v. 16, n. 13, p. 2530-2543, 2004.

GONÇALVES, R. R. **Preparação e caracterização de filmes óxidos contendo componentes opticamente ativos.** 2001. 303 f. Tese (Doutorado em Química) - Instituto de Química, Universidade Estadual Paulista, Araraquara, 2001.

GONÇALVES, R. R.; CARTURAN, G.; SCARPARI, S.; OLIVEIRA, D. C.; BUENO, L. A.; RIBEIRO, S. J. L.; MESSADDEQ, Y.; FERRARI, M.; MONTAGNA, M.; RAINHO, J. P.; CARLOS, L. D. Inorganic nanoparticles in organic-inorganic hybrid hosts for planar waveguides. **Proceedings of SPIE,** v. 4805, p. 134-139, 2002.

GOUDKET, H. **Étude de matériaux polymères, organiques et organo-minéraux, dopés par des colorants organiques:** appication à la réalisation de souces laser intégrées. 2004. 260 f. Tese (Doutorado em Ciências) - Université Paris XI Orsay, Paris, França, 2004.

HALLIDAY, D.; RESNICK, R.; WALKER, J. **Fundamentos de física.** 6. ed. Rio de Janeiro: LTC, 2002. v. 4, 356 p.

IMADA, M.; CHUTINAN, A.; NODA, S.; MOCHIZUKI, M. Multidirectionally distributed feedback photonic crystal lasers. **Physical Review B,** v. 65, p. 195306/1-195306/8, 2002.

KAMMLER, H. K.; BEAUCAGE, G.; KOHLS, D. J.; AGASHE, N.; ILAVSKY, J. Monitoring simultaneously the growth of nanoparticles and aggregates by in situ ultra-small-angle x-ray scattering. **Journal of Applied Physics,** v. 97, p. 054309/1-054309/11, 2005.

KICKELBICK, G.; WIEDE, P.; SCHUBERT, U. Variations in capping the $Zr_6O_4(OH)_4$ cluster core: X-ray structure analyses of $[Zr_6(OH)_4O_4(OOC-CH=CH_2)_{10}]_2(\mu\text{-}OOC\text{-}CH=CH_2)_4$ and $Zr_6(OH)_4O_4(OOCR)_{12}(PrOH)$ (R = Ph, CMe = CH_2). **Inorganica Chimica Acta,** v. 284, p. 1-7, 1999.

KOGELNIK, H.; SHANK, C. V. Coupled-wave theory of distributed feedback lasers. **Journal of Applied Physics,** v. 43, n. 5, p. 2327-2335, 1972.

KOGELNIK, H.; SHANK, C. V. Stimulated emission in a periodic structure. **Applied Physics Letters,** v. 18, n. 4, p. 152-154, 1971.

KREBS, F. C.; RAMANUJAM, P. S. Holographic recording in a series of conjugated polymers. **Optical Materials,** v. 28, p. 350–354, 2006.

LEBEAU, B.; SANCHEZ, C. Sol-gel derived hybrid inorganic-organic nanocomposites for optics. **Current Opinion in Solid State & Materials Science,** v. 4, p. 11-23, 1999.

MAIMAN, T. Stimulated optical radiation in ruby. **Nature,** v. 187, p. 493-494, 1960.

MAKOVETSKY, E. D.; MILOSLAVSKY, V. K. Peculiarities of the spontaneous grating formation in light-sensitive waveguide films near a magic angle of laser beam incidence. **Optics Communications,** v. 244, p. 445-454, 2005.

MALTA, O. L.; BRITO, H. F.; MENEZES, J. F. S.; SILVA, F. R. G.; ALVES JR., S.; FARIAS JR., F. S.; ANDRADE, A. V. M. Spectroscopic properties of a new light-converting device Eu(thenoyltrifluoroacetonate)$_3$2(dibenzylsulfoxide). A theoretical analysis based on structural data obtained from a sparkle model. **Journal of Luminescence,** v. 75, p. 255-268, 1997.

MENDES, G. F.; CESCATO, L.; FREJLICH, J. Gratings for metrology and process control. 2: thin film thickness measurement. **Applied Optics,** v. 23, n. 4, p. 576-583, 1984.

MESSADDEQ, S. H.; SIU LI, M.; INOUE, S.; RIBEIRO, S. J. L.; MESSADDEQ, Y. Photoinduced effect in Ga–Ge–S based thin films. **Applied Surface Science.** In press.

MOLINA, C. **Materiais híbridos orgânicos-inorgânicos como matrizes para compostos luminescentes de íons lantanídios.** 2003. 181 f. Tese (Doutorado em Química) - Instituto de Química, Universidade Estadual Paulista, Araraquara, 2003a.

MOLINA, C.; DAHMOUCHE, K.; MESSADDEQ, Y.; RIBEIRO, S. J. L.; SILVA, M. A. P.; BERMUDEZ, V. Z.; CARLOS, L. D. Enhanced emission from Eu(III) β-diketone complex combined with ether-type oxygen atoms of di-ureasil organic-inorganic hybrids. **Journal of Luminescence**, v. 104, p. 93-101, 2003b.

MOLINA, C.; MOREIRA, P. J.; GONÇALVES, R. R.; FERREIRA, R. A. S.; MESSADDEQ, Y.; SOPPERA, O.; LEITE, A. P.; MARQUES, P. V. S.; BERMUDEZ, V. Z.; CARLOS, L. D. Planar and UV written channel optical waveguides prepared with siloxane-poly(oxyethylene)-zirconia organic-inorganic hybrids: structure and optical properties. **Journal of Materials Chemistry**, v. 15, p. 3937-3945, 2005.

MOLINA, C.; FERREIRA, R. S.; DAHMOUCHE, K.; RIBEIRO, S. J. L.; GONÇALVES, R. R.; BERMUDEZ, V. Z.; CARLOS, L. D. Photoluminescence study of organic/inorganic hybrids for integrated optic devices. **MRS Proceedings**, v. 847, p. EE10/1-7, 2004.

NAJAFI, S. I.; TOUAM, T.; SARA, R.; ANDREWS, M. P.; FARDAD, M. A. Sol-gel glass waveguide and grating on silicon. **Journal of Lightwave Technology**, v. 16, n. 9, p. 1640-1646, 1998.

OKAMOTO, K. **Fundamentals of optical waveguides**. Hardcover: Academic Press, 2000. 428 p.

OKAMURA, Y.;YOSHINAKA, S.; YAMAMOTO, S. Measuring mode propagation losses of integrated optical waveguides: a simple method. **Applied Optics**, v. 22, p. 3892-3894, 1983.

OKI, Y.; MIYAMOTO, S.; TANAKA, M.; ZUO, D.; MAEDA, M. Long lifetime and high repetition rate operation from distributed feedback plastic waveguided dye lasers. **Optics Communications**, v. 214, p. 277-283, 2002.

OLIVEIRA, P. W.; KRUG, H.; MÜLLER, P.; SCHMIDT, H. Fabrication of GRIN-materials by photopolymerization of diffusion- controlled organic-inorganic nanocomposite materials. **MRS Symposia Proceedings**, v. 435, p. 553-558, 1996.

OLIVIER, M.; PENZIN, J. C.; DANEL, J. S.; CHALLETON, D. Absorption spectra of garnet films between 1.0 and 1.8 µm by guided-wave optical spectroscopy. **Applied Physics Letters**, v. 38, p. 79-81, 1981.

ORIGNAC, X.; BARBIER, D.; DU, X. M.; ALMEIDA, R. M. Fabrication and characterization of sol-gel planar waveguides doped with rare-earth ions. **Applied Physics Letters**, v. 69, p. 895-897, 1996.

ORIGNAC, X.; BARBIER, D.; DU, X. M.; ALMEIDA, R. M.; MCCARTY, O.; YEATMAN, E. Sol–gel silica/titania-on-silicon Er/Yb-doped waveguides for optical amplification at 1.5 µm. **Optical Materials**, v. 12, p. 1-18, 1999.

OUBAHA, M.; SMAIHI, M.; ETIENNE, P.; COUDRAY, P.; MOREAU, Y. Spectroscopic characterization of intrinsec losses in an organic-inorganic hybrid waveguide synthesized by the sol-gel process. **Journal of Non-Crystalline Solids,** v. 318, p. 305-313, 2003.

PETERS, K.; PATTIS, P.; BOTSIS, J.; GIACCARI, P. Experimental verification of response of embedded optical fiber Bragg grating sensors in non-homogeneous strain fields. **Optics and Laser in Engineering,** v. 33, p. 107-119, 2000.

RAO, Y. J. Recent progress in applications of in-fibre Bragg grating sensors. **Optics and Lasers in Engineering,** v. 31, p. 297-324, 1999.

RIBEIRO, S. J. L.; MESSADDEQ, Y.; GONÇALVES, R. R.; FERRARI, M.; MONTAGNA M.; AEGERTER, M. A. Low optical loss planar waveguides prepared in an organic–inorganic hybrid system. **Applied Physics Letters**, v. 77, n. 22/24, p. 3502-3504, 2000.

RIGHINI, G. C.; PELLI, S. Sol-gel glass waveguides. **Journal of Sol-gel Science and Technology,** v. 8, p. 991-997, 1997.

RODRÍGUEZ, F. J.; SÁNCHEZ, C.; VILLACAMPA, B.; ALCALÁ, R.; CASES, R.; MILLARUELO, M.; ORIOL, L.; LÖRINCZ, E. Red light induced holographic storage in an azobenzene polymethacrylate at room temperature. **Optical Materials,** v. 28, p. 480–487, 2006.

SAINI, G. S. S.; KAUR, S.; TRIPATHI, S. K.; MAHAJAN, C. G.; THANGA, H. H.; VERMA, A. L. Spectroscopic studies of rhodamine 6G dispersed in polymethylcyanoacrylate. **Spectrochimica Acta Part A: Molecular and Biomolecular Spectroscopy**, v. 61, p. 653-658, 2005.

SANCHEZ, C.; RIBOT, F. Design of hybrid organic-inorganic materials synthesized via sol-gel chemistry. **New Journal of Chemistry**, v. 18, p. 1007-1047, 1994.

SCHMIDT, H. Inorganic-organic composites for optoelectroncs. In: KLEIN, L. C. **Sol-gel optics - processing and applications**. Boston: Kluwer Academic, 1994. p. 451-481.

SCHMIDT, H. K. Organically modified silicates and ceramics as two-phasic systems: synthesis and processing. **Journal of Sol -Gel Science and Technology**, v. 8, p. 557-565, 1997.

SCHMIDT, H.; KRUG, H.; KASEMANN, R.; TIEFENSEE, F. Development of optical waveguides by sol-gel techniques for laser patterning. **SPIE: Submolecular Glass Chemistry and Physics,** v. 1590, p. 36-43, 1991.

SCHOTTNER, G. Hybrid sol-gel-derived polymers: applications of multifunctional materials. **Chemistry of Materials,** v. 13, p. 3422-3435, 2001.

SCHUBERT, U. Organofunctional metal oxide clusters as building blocks for inorganic-organic hybrid materials. **Journal of Sol-Gel Science and Technology,** v. 31, p. 19-24, 2004.

SCHUBERT, U. Cluster-crosslinked inorganic-organic hybrid polymers In: MRS SPRING MEETING, 2002, San Francisco, **MRS Proceedings.** San Francisco: MRS, 2002. p. 1-4.

SCHUBERT, U. Polymers reinforced by covalently bonded inorganic clusters. **Chemistry of Materials,** v. 13, p. 3487-3494, 2001.

SHANK, C. V.; BJORKHÖLM, J. E.; KOGELNIK, H. Tunable distrubuted feedback dye laser. **Applied Physics Letters,** v. 18, n. 9, p. 395-396, 1971.

SILVA, N. J. O. **Estrutura e magnetismo de híbridos orgânicos-inorgânicos modificados por iões de Ferro e Neodímio.** 2002. 124 f. Dissertação (Mestrado em Física) - Departamento de Física, Universidade de Aveiro, Aveiro, Portugal, 2002.

SILVERSTEIN, R. M.; WEBSTER, F. X. **Identificação espectrométrica de compostos orgânicos.** 6. ed. Rio de Janeiro: LTC, 2000. 460 p.

SOBEL, F.; GINDRE, D.; NUNZI, J. –M.; DENIS, C.; DUMARCHER, V.; DEBUISSCHERT, C. F.; KRETSCH, K. P.; ROCHA, L. Multimode distributed feedback laser emission in a dye-doped optically pumped polymer thin-film. **Optical Materials,** v. 27, n. 2, p. 199-201, 2004.

SOBEL, F. **Effet laser à contre réaction répartie (DFB) excité par voie optique dans les films minces polymères**. 2001. Tese (Doutorado em Física) - Laboratório POMA, Université d'Angers, Angers, França, 2001.

SOREK, Y.; REISFELD, R.; FINKELSTEIN, I.; RUSCHIN, S. Sol-gel glass waveguides prepared at low temperature. **Applied Physics Letters**, v. 63, p. 3256-3258, 1993.

STROHHÖFER, C.; FICK, J.; VASCONCELOS, H. C.; ALMEIDA, R. M. Active optical properties of Er-containing crystallites in sol–gel derived glass films. **Journal of Non-Crystalline Solids**, v. 226, p. 182-191, 1998.

TADANAGA, K.; ELLIS, B.; SEDDON, A. B. Structural changes during thermally induced polymerization of ormosil films from trimethoxysilylpropylmethacrylate and zirconium-n-propoxide modified with methacrylic acid. **Proceedings of SPIE: Sol-Gel Optics V**, v. 3943, p. 228-235, 2000.

TENNANT, D. M.; FEDER, K.; DREYER, K. F.; GNALL, R. P.; KOCH, T. L.; KOREN, U.; MILLER, B. I.; YOUNG, M. G. Phase grating masks for photonic integrated circuits fabricated by e-beam writing and dry etching: challenges to commercial applications. **Microelectronic Engineering**, v. 27, p. 427-434, 1995.

TIEN, P. K. Integrated optics and new wave phenomena in optical waveguides. **Review of Modern Physics**, v. 49, p. 361-420, 1977.

TRIMMEL, G.; FRATZL, P.; SCHUBERT, U. Cross-linking of poly(methyl methacrylate) by the metracrylate-substituted oxozirconium cluster $Zr_6(OH)_4O_4(methacrylate)_{12}$. **Chemical Materials**, v. 12, p. 602-604, 2000.

VÉSPERINI, A. **Etude du spectre d'émission de lasers à rétroaction répartie dans des couches minces de polymères excités par plusieurs faisceaux**. 2006. Tese (Doutorado em Física). Laboratoire POMA, Université d'Angers, Angers, França, 2006.

VILLEGAS, M. A. Chemical and microstructural characterization of sol–gel coatings in the ZrO_2–SiO_2 system. **Thin Solid Films**, v. 382, p. 124-132, 2001.

WANG, J.; WEIMANN, T.; HINZE, P.; ADE, G.; SCHNEIDER, D.; RABE, T.; RIEDL, T.; KOWALSKY, W. A continuously tunable organic DFB laser. **Microelectronic Engineering**, v. 78–79, p. 364–368, 2005.

WHITE, J. G. The crystal structure of europium tris [4, 4, 4-trifluoro-1-(2-thienyl)-1,3-butanedione] dihydrat. **Inorg. Chim. Acta**, v. 16, p. 159, 1976.

WYBOURNE, B. G. **Spectroscopic properties of rare earth.** New York: Interscience, 1965. 244 p.

YANG, Y.; WANG, M.; QIAN, G.; WANG, Z.; FAN, X. Laser properties and photostabilities of laser dyes doped in ORMOSILs. **Optical Materials**, v. 24, p. 621-628, 2004.

Oui, je veux morebooks!

I want morebooks!

Buy your books fast and straightforward online - at one of the world's fastest growing online book stores! Environmentally sound due to Print-on-Demand technologies.

Buy your books online at
www.get-morebooks.com

Achetez vos livres en ligne, vite et bien, sur l'une des librairies en ligne les plus performantes au monde!
En protégeant nos ressources et notre environnement grâce à l'impression à la demande.

La librairie en ligne pour acheter plus vite
www.morebooks.fr

VDM Verlagsservicegesellschaft mbH
Heinrich-Böcking-Str. 6-8
D - 66121 Saarbrücken

Telefax: +49 681 93 81 567-9

info@vdm-vsg.de
www.vdm-vsg.de

Printed by Books on Demand GmbH, Norderstedt / Germany